现代·实用·温馨家居设计

客厅餐厅

娟 子 编著

中国建筑工业出版社

图书在版编目（CIP）数据

客厅·餐厅/娟子编著.—北京：中国建筑工业出版社，2011.12
（现代·实用·温馨家居设计）
ISBN 978-7-112-13775-6

I.①客… II.①娟… III.①住宅-室内装修-建筑设计-图集
IV.①TU767-64

中国版本图书馆CIP数据核字（2011）第231054号

责任编辑：陈小力　李东禧
责任校对：姜小莲　关　健

现代·实用·温馨家居设计
客厅·餐厅
娟　子　编著
*
中国建筑工业出版社出版、发行（北京西郊百万庄）
各地新华书店、建筑书店经销
北京嘉泰利德公司制版
北京盛通印刷股份有限公司印刷
*
开本：880×1230毫米　1/16　印张：$4\frac{1}{4}$　字数：132千字
2012年5月第一版　2012年5月第一次印刷
定价：23.00元
ISBN 978-7-112-13775-6
（21555）

版权所有　翻印必究
如有印装质量问题，可寄本社退换
（邮政编码 100037）

前 言

傍晚，完成了一天的工作，迅速逃离喧杂浮华的都市，伴着昏夜回到了宁静的家中。感叹便捷快速的交通，让我们有机会在短暂的时间里穿梭于两种迥然不同的环境。家的清澈能带给我心灵的安慰，因为它不知道承载了多少的记忆，模糊地明白，"家"装着我所谓的花季、雨季，有的喜、有的悲、有的让人啼笑皆非，不能轻易地放下，因此，"家"承载着艰巨的任务。在这个季节，很多时候我宁愿选择在家中休息，而不愿在外面，我想很多朋友也会与我有着相似的选择。可是如何让家居在这个季节更加舒适和惬意呢？这也是《现代·实用·温馨家居设计》为大家解决问题的所在，将室内空间作为一个整体的系统进行规划设计，保证整体空间具有协调舒适的设计感。

生活是很简单的事情，我们不能用一种风格来束缚我们所要的生活方式，也不能完全拷贝某一种风格，因为每种风格都有自己的文化和历史渊源，每一个家庭也都有自己的生活方式、人生态度和理想。只有满足了人在家居生活中的使用功能这个前提下，然后再追求所谓的风格，这是空间设计的基本道理。

本书涵盖家庭装修的客厅餐厅、书房休闲区、玄关过道、卧室、厨房、卫生间空间设计，案例全部选自全国各地资深室内设计师最新设计创意图片，并结合其空间特点进行了点评和解析，旨在为读者提供参考，同时对家居内部空间进行详细的讲解和分析，指出在装饰设计上的风格并给出了造价、装饰材料等。书中还详细讲解和介绍了各种装饰材料、签订装修合同需要注意事项，以及家居装饰验收的技巧等。

目录

前言　03

客厅·餐厅　05～64

签订装修合同需要注意什么　65

施工工艺　65

家居装饰验收窍门　67

致谢　68

客厅·餐厅

01 本案设计采用现代简约的风格,干净、简洁的手法,让人感觉舒适、温馨。客厅落地窗的设计,可以让外面的阳光尽情地挥洒。柔软的沙发为疲劳的心提供了舒适感。

02 地面使用圣象实木复合地板,人踩在上面会很舒服安心。顶面采取轻钢龙骨石膏板造型吊顶,异形反光灯带,石膏板曲线电视背景墙和柔然壁纸的结合,使整个空间活跃了起来。

03 $30m^2$ 的客厅,造价在20000元,安全环保的施工材料,由设计师为客户设计主材方案。

04 白色沙发、地毯,实木茶几和电视柜,木色的地板和餐桌,在阳光的配合下,整个空间显得干净明亮。

01 客厅直线吊顶与米黄色的壁纸完美搭配，欧式灯具与朴素自然的木质家具的出现，都令人联想到了繁华的欧式风格。

02 地面使用诺贝尔800mm×800mm的玻化砖，墙面刷立邦金牌净味抗甲醛墙漆，淡雅的米黄色，将低调的奢华演绎得淋漓尽致。顶面轻钢龙骨石膏板造型，边角欧式石膏线的组合，打造新一代奢华。

03 35m²的客厅，造价25000元。装饰材料：生活家的强化复合地板，立邦墙漆，太平洋石膏线，安全环保的施工材料。

04 皮质沙发散发出高贵典雅的气息，沙发对面的电视背景墙，壁纸上面贴着定制的混油木花纹，与门的木花纹相互对应，更加显得浪漫温馨。

05 中式的风格、古朴简洁的设计、木质的桌椅，这一切都融汇了中国的传统文化。开放式的客厅，给人一种神秘深邃的感觉。

06 电视背景墙采用轻体砖砌10cm，上面贴马可波罗仿古加工砖，再加上中式镂空花格，背景墙上的花格与顶面的花格相互对应，显得十分别致。

07 墙面手绘荷花、蝴蝶、荷叶上的水珠，一直以为水和生物是最有灵性的东西，这自然界水中的一切，因它而丰盈。通过墙面的手绘，能够让人随时领略到外面的世界。

08 客厅到处渗透着中式元素，中式家具和隔扇屏风的大量使用，创造出一种含蓄而高雅的氛围，给人以中国传统的意境。

01 随着生活的压力越来越大，人们开始厌倦繁华的都市生活。简单、自然的生活空间能让人身心舒畅，并感到宁静和安逸，所以越来越多的人希望能拥有一处这样个性张扬的空间。

02 客厅背景墙采用仿古墙砖粘贴，上面石膏板造型开槽，刷多乐士墙漆，地面是蒙娜丽莎玻化砖，顶面轻钢龙骨石膏板吊顶。

03 整面墙的壁纸使用扩大了空间的视觉效果，丰富了空间的内容，壁纸上的图案纹理富有很强的装饰性和文化内涵，同时，整体浅色调使空间显得肃穆和雅静。

04 20m² 的客厅，造价17000元。装饰材料：生活家的强化复合地板，立邦墙漆，太平洋石膏线，柔然壁纸等安全环保的施工材料。

05 步入房门的刹那,仿佛能够感觉到从地中海迎面吹来的海风。蓝与白,纯粹的颜色,勾勒出最纯粹的地中海风格。

06 35m²的客厅,造价30000元。装饰材料:马可波罗拼花地砖,TaTa木门,瑞宝壁纸。

07 客厅里花色的沙发和大理石壁炉,表现出一种干净、纯粹的美感。造型简单的素色家具搭配上美丽的鲜花,散发出从容淡雅的生活气息。

08 35m²的客厅,造价18000元。装饰材料:格莱美壁纸,冠军瓷砖,轻钢龙骨石膏板吊顶等。

01 本案中一切的元素都以比较原始的形态呈现，没有过多的修饰，塑造了一个自然、素雅的现代空间。

02 客厅的设计采用的是白色沙发、棕色地毯、白色的茶几和水晶灯具，米黄色的地板和电视柜，在阳光的配合下，整个空间显得干净、明亮。

03 38m² 的客厅，造价25000元。装饰材料：北美风情实木复合木地板，墙酷壁纸，珊嘉木门，现场定制镂空花格。

04 大量壁纸的运用，使整个空间充满现代气息，弧形的双层石膏板吊顶打乱了壁纸的宁静。

05 本案的设计主要以现代欧式风格为主，结合一些欧式元素，使人在享受舒适大方的欧式空间的同时，也能欣赏到现代文化的魅力。

06 咖啡色的都芳墙漆，异形造型石膏板吊顶，沙发对面的电视背景墙在LED灯的照射下突出了瑞宝壁纸的纹理。

07 40m²的客厅，造价30000元。装饰材料：金易陶600mm×600mm斜铺地砖，背景墙采用实木饰面，人造大理石包边，米黄色的都芳钻石墙漆。

08 客厅墙面使用了大面积的米黄色墙漆和木纹色的电视背景墙，经典的欧式元素塑造出大气而又内敛的低调奢华。

01 在本案设计中，整个空间规划通畅而有节奏，深色的电视柜与白棕相间的沙发完美组合，凸显出深远大气的质感，充盈着儒雅的气息。

02 在这个现代中式风格的居室中，古老与时尚和谐地融合。色彩和灯光上运用了文化元素，诠释了生活的品质。在细节上以现代元素为点缀，舒展空间中舞动着现代生活的激情。

03 45m²的客厅，造价30000元。装饰材料：西班牙花纹大理石，冠军地砖，柚木花格，欧依朗木门，柔然壁纸。

04 整个空间大气而不张扬，富贵却不失凝重，用中国传统的国画作装饰。

05 本案表现的是地域风情，用简洁的手法将一个素净而优雅的空间展示在人们面前，大量的原木材料给人带来的是清爽自然的感受。

06 20m²的客厅，造价15000元。装饰材料：马可波罗微晶石地砖，柚木假梁，瑞宝壁纸，仿古外墙砖。

07 客厅让人隐隐感觉到东南亚风情的清新自然。

08 客厅电视背景墙采用圆润的壁炉做造型，与二层实木木格吊顶相对应。

01 蓝色让人联想到辽阔的大海、深邃的天空，走进室内似乎马上就能感觉到从地中海吹来的清凉海风，浅蓝、深蓝、湖蓝，创造了一个属于大海的美丽传说。

02 本案使用的家具是蓝色系的欧式家具，既符合整体设计风格，也体现了设计的用色理念，这样的配色成就了独一无二的蓝色空间。

03 30m² 的客厅，造价40000元。装饰材料：米黄洞石，长谷仿古砖，太平洋石膏线，柔然壁纸，大理石马赛克等。

04 粉色条纹布艺沙发的出现让整个空间充满了温馨的氛围。

05 闪烁的灯光幻影在客厅背景墙的反射下更为突出,大量的墙纸来装饰墙面,把人带进一个亦真亦幻的境地。

06 地面使用诺贝尔瓷砖,沙发后面背景墙在灯光的照射下显得格外清新,白、灰、棕、咖啡色等色调的运用,让空间平添几分稳重与高贵。

07 $35m^2$的客厅,造价18000元。装饰材料:格莱美壁纸,冠军瓷砖,轻钢龙骨石膏板吊顶。

08 客厅简洁大气,简约中透着精致,让人隐隐感受到现代风格的清新自然。

01 本案采用特殊工艺漆面，创造出特别木纹肌理的华贵底色，并大量使用弧线条和高贵的藤蔓花草图案。

02 窗帘、沙发套、灯罩等均以低彩度色调和棉织为主，素雅的小碎花和条纹格子是主要图案。

03 48m²的客厅，造价40000元。装饰材料：白洞石，金年华米黄石，太平洋罗马柱，布鲁斯壁纸等。

04 在灯光的反射下，尽显华丽，皮质沙发和棕色窗帘极致优雅。

05 本案设计以中式元素为主，营造自然、粗犷的休闲居室空间。

06 中式花格与紫色的沙发套相对比，现代时尚与传统中式风格融入其中，给人一种别样的感觉。

07 25m²的客厅，造价18000元。装饰材料：木雕混油花格，柚木角线，生活家木地板等。

08 大量的原木材料家具给人带来的是清爽自然的感受，而造型简单的吊顶又让人感觉干净利索。

01 本案设计主体色调采用的是暖色调,温暖的色调配以昏黄的灯光,温馨自然的氛围就自然而然地形成了。

02 客厅的高雅气质由切割菱形水晶意念开序,油画般的特色墙纸,展现折射光环轴心如晃动影像的魅惑效果。

03 28m²的客厅造价18000。装饰材料:长谷瓷砖,布鲁斯特壁纸,太平洋石膏线,石膏板电视背景墙。

04 电视背景墙的质感与沙发的质感在壁纸的衬托下显得格外清晰。

05 本案客厅设计选用的是白镜、白花的墙纸,米色沙发和红色地毯,洁白的方形茶几和黑色的电视柜,精致优雅的装饰物。

06 个性的空间带给人的不仅仅是功能上的满足,更多的是视觉、嗅觉,以及触觉上的满足。

07 客厅线条流畅的现代沙发与电视背景墙上点缀的碎花壁纸相得益彰,使空间具有一种独特的现代气息。

08 20m² 的客厅造价12000元。装饰材料:欧神诺瓷砖,格莱美壁纸,TaTa木门,轻钢龙骨石膏板等。

01 本案设计以细致入微、文雅精致打动人心。这里的设计用全新的手法，诠释着现代中式风格。

02 几何图案交织镶嵌在墙上，和谐一致。沙发给人一种安心舒适的感觉，地毯陪衬了墙纸的设计。

03 35m² 的客厅，造价35000元。装饰材料：蜜蜂仿古砖，青砖，黑胡桃实木做假梁和花格。

04 设计空间布局中，简单而大方的家具装饰透出浓浓的中式意味。

05 本案以闹中取静，休闲舒适为设计思路。采用欧式新古典主义的设计风格。

06 整体空间氛围褪去了古典主义厚重的外壳，取消了旧古典主义繁杂的造型，用简练的线条勾勒出丰富的空间。

07 软装饰、窗帘、灯具、绿色盆栽、花卉等饰品贯穿其中，起到了点睛的作用，并为淡雅的生活空间增添了几分奢华的色彩。

08 $30m^2$的客厅，造价17000元。装饰材料：长谷地砖，瑞宝壁纸，太平洋石膏线等。

01 客厅的深色壁纸，在灯光的映衬下，更显得房间的宽敞。同时也为该房间的主人创造了一种舒适放松的氛围。

02 伴随着日出日落，微风轻轻地从身旁滑过。一切都是那么的亲切，设计就是这么形容此案的。

03 35m² 的客厅，造价35000元。装饰材料：艾格菲美实木复合地板，车边镜，艺术背景墙，石膏板吊顶。

04 黑白键盘之间，音乐是跃动的精灵。以酷到特立独行的姿态呈现，在黑与白的强烈对比中带来温馨的人文关怀。

05 本案设计将中式元素融入现代设计中,将高度提炼后的元素融入空间的每一细节中,体现了整个家居文化的内涵。

06 深色天然鸡翅木饰板的大胆启用传达了设计对中国传统元素的理解。

07 45m² 的客厅,造价40000元。装饰材料:天然鸡翅木饰板,蒂娜米黄石板等。

08 沉稳大气的风格将空间的品质提高到高贵的层面,展现了与众不同的家居文化。

01 本案设计没有按常规设计电视墙，取而代之的是造型简单的装饰壁纸，直线造型和窗户的哑口相呼应。

02 35m² 的客厅，造价35000元。装饰材料：混油拱形造型，马可波罗地砖，多乐士抗甲醛墙漆，艺术肌理砖等。

03 设计注重灯具的搭配，白色复古灯具的出现，起到了画龙点睛的作用。

04 整个空间使用了蓝色作为点缀，并大量运用于窗户及门，制造出清新明亮的效果。

05 本案客厅的设计选用的是白色墙漆,碎花沙发和地毯,洁白的柜子,自然色的木质地板,精致优雅的装饰物等,成功地营造出一个舒适且高雅的空间。

06 简洁明晰的线条装饰,彰显品位独到的高雅生活方式。

07 $25m^2$的客厅,造价20000元。装饰材料:石材,水曲柳面板,马可波罗地砖等。

08 运用木质线条装饰,石材一体现简单特性的材质,搭配浅色地砖,营造出舒适优雅的韵味。

01 本案设计中所采用的色彩一点也不张扬,也没有太大的跳跃,功能分区间过渡自然,强调了设计的整体感。

02 客厅后面的书架,突出了墙面的厚重与水晶灯的轻盈两相映衬,达到了更好的装饰效果。

03 30m²的客厅,造价25000元。装饰材料:博亮木门,伊诺墙砖,圣象木地板,装饰拼花,轻钢龙骨石膏板吊顶等。

04 深色沙发奠定了空间的基调,顶棚上的复古吊灯很好地缓解了空间的沉闷与压抑。

05 本案以穿插新锐的思想、重视文化的概念为主题，传承中华文化的历史内涵并与现代时尚生活相互交融。

06 客厅空间布局简单而大方，家具装饰透出了浓浓的中式意味。

07 35m²的客厅，造价40000元。装饰材料：实木花格，蒙娜丽莎地砖，欧依朗木门，欧宝壁纸等。

08 总体布局对称均衡，端正稳健，在装饰细节上精雕细琢，富于变化，充分体现出中国传统文化。

01 本案选用了欧式风格，无论是家具还是饰品都力求让人心情放松，一张画、一个壁炉、一个摆件、一块花布……都体现出设计的用心良苦。

02 欧式坐榻、弧形石膏线、华丽的吊灯，都给人一种视觉上的享受。

03 40m²的客厅，造价35000元。装饰材料：发光壁纸，罗马柱，马可波罗地砖等。

04 墙面和顶面采用最简练的直线与弧线元素，通过色彩与饰物的搭配，给空间融入时尚感。

05 本案以现代简约风格为主，异形电视柜与浅绿色墙漆是给人的第一印象空间，结合空间特点，白色珠帘与水晶吊灯融合在一起，平整、大气，又有视觉亮点。

06 20m² 的客厅，造价25000元。装饰材料：发光壁纸，欧伊朗木门，马可波罗地砖等。

07 25m² 的客厅，造价15000元。装饰材料：都芳墙漆，东鹏地砖，瑞宝壁纸，TaTa木门等。

08 灰色地砖、简洁的家具、木制电视背景墙、方形造型吊顶，在灯光的照射下，充满了生活的气息。

01 中式魅力，尽在不静不喧的点滴古韵里，方正平直的椅背，展现中式落落大方的风格。

02 纯天然的材质，散发着浓浓的自然气息，色泽以原木色调为主，主要采用红木色。

03 30m² 的客厅，造价30000元。装饰材料：布鲁斯特壁纸，马可波罗地砖，博亮木门，实木花格。中式花格与护墙板相呼应，中西合璧，亦古亦今。

04 本案所展现的实际上就是欧式风格与现代风格相交融的一种表达方式，通过完美的曲线，精益求精的细节处理，带给家人不尽的舒适感。

05 客厅墙面大方高雅，以米黄色为主色调的墙纸和肌理涂料增加空间的质感，清爽干净又浪漫氛围。

06 25m² 的客厅，造价20000元。装饰材料：瑞宝壁纸，轻钢龙骨石膏板，立邦墙漆等。

07 25m² 的客厅，造价30000元。装饰材料：大理石仿古砖，石膏板电视背景墙，墙酷壁纸，马可波罗地砖等。

08 客厅里的碎花壁纸与窗帘相得益彰，木质电视柜，束纹沙发显得十分素雅。

01 本案设计的灵感来源于生活中的感动，而生活中的感动又来自于细致的观察和感触。

02 设计抓住现代人的心理，用简约的手法打造出一个赏心悦目可观又可感的舒适空间。

03 30m²的客厅，造价20000元。装饰材料：诺贝尔地砖，多乐士墙漆，轻钢龙骨石膏板吊顶等。

04 客厅的黑、白、金红等经典色彩设计，运用得游刃有余，高雅的多种色彩运用在一起，却不让其产生矛盾，反倒能扬长避短、各显其长。

05 本案的电视背景墙为花鸟壁纸，粗犷的木条、镂空的中式花格，使整个空间充满了中式的元素。在细节上以中式元素为点缀，舒展空间中舞动着的中式风格。

06 整个空间规划通畅而有节奏，深色的家具与米色的墙体形成完美的组合。

07 25m²的客厅，造价30000元。装饰材料：大理石仿古砖，木制花格，墙酷壁纸，马可波罗地砖等。

08 在现代中式风格的客厅中，古老与时尚和谐地融合，色彩和灯光上运用了文化元素，诠释了生活本质。

01 本案以新古典西式为主题展开设计，从建筑固有特点及房间布局优劣上入手，进而深化该户型的功能布局，并运用带装饰主义的新古典风格。

02 整体造型中蕴含现代元素，墙面设计运用罗马柱、壁纸，顶面运用菱形石膏板吊顶造型，反光壁纸，地面生活家木地板，方形的地面顶面与菱形顶面相呼应。

03 25m²的客厅，造价20000元。装饰材料：马可波罗地砖，啡网纹大理石，柔然壁纸等。

04 在简欧风格中加入时尚的新古典元素，更能体现品位和生活乐趣。通过大对比的深色家具强调了色彩的力度，让室内更能体现出一种明快。

05 本案以现代简约风格为主,大理石电视背景墙与黑底白花的壁纸相结合,在水墨画的荷叶下,强烈突出了电视背景墙厚重的质感。

06 整个空间以白色为主色,米黄、黑色作为点缀,使整个空间柔美而不失大气。

07 30m²的客厅,造价20000元,装饰材料:博德地砖,墙贴,原木假梁等。

08 客厅采用一条弧形的发光灯作为空间分割,使整个空间不至于零散。晶莹剔透的水晶玻璃灯和条形壁纸,使整个空间柔美而雅致。

01 本案采用了全新的手法来诠释中式风格，方正规整的客厅庄重而典雅，方形吊顶与方形家具的设计上下呼应，和谐统一。

02 客厅采用实木、仿古砖、乳胶漆，融入现代元素，配合各个界面的分布造型，陈设艺术气息较浓的饰物。

03 25m^2的客厅，造价25000元。装饰材料：曲柳板材，东鹏亚光砖，都芳墙漆，瑞宝壁纸等。

04 在整体空间中，对材质、色彩、质地细节的处理注入了自然美感，使整体环境温馨、浪漫、优雅、自然。

05 本案设计用大量的墙纸来装饰墙面,把人带进一个亦真亦幻的境地,白、灰、棕、咖啡等色调的运用,让空间平添了几分稳重与高贵。

06 菱形造型的屏风、干贴大理石背景墙、彩绘墙纸,这种装饰,带给人舒服的感受,沉稳中不乏温馨。

07 35m²的客厅,造价30000元。装饰材料:欧神诺地砖,干挂大理石,石膏板拉槽,柔然壁纸,艺术雕花等。

08 客厅电视柜显得厚重而朴实,沙发却简单轻巧,原木的材料,给人和谐融洽的感觉。

01 客厅简洁大气，简约中透露着精致。海藻泥花纹墙面，白色镂空花纹屏风，灰色地砖，白色家具……这些新型装饰材料，突出了现代都市生活质量的提高。

02 沙发背景墙采用原木花纹做背景造型，洁白的沙发、黑色茶几、灰色地砖使整个空间充满现代感的简洁、大气、时尚的气息。

03 25m^2的客厅，造价15000元。装饰材料：多乐士墙漆，伊诺地砖，柔然壁纸，轻钢龙骨石膏板吊顶等。

04 淡淡的绿色墙漆，米黄色的壁纸，棕色的沙发靠背使整个空间充满了清新自然之美。

05 本案以不同的材质及工艺，把同一种寓意结合空间特性有节奏地表达了出来，使壁纸的特性和主人的品格完美地体现在生活的每一个细节。

06 古典家具的摆设点缀出空间的华丽，高雅的复古灯点缀着豪华的客厅，在色系与线条的质感上力求沉稳简洁。

07 40m²的客厅，造价50000元。装饰材料：欧宝木地板，柔然壁纸，黑胡桃木格，轻钢龙骨石膏板等。

08 深色的红木花格的大胆运用，表达了对中国传统用色的理解，展现了与众不同的家居文化。

01 本案以强调自然为贯穿建筑风格的主题，客厅的每一部分都是基于追求轻松舒适的理念，装饰风格很少凸显某种时尚。

02 根据客厅的特有功能和美感选用装饰，家具等不必考虑是否与设计主题一致。

03 45m² 的客厅，造价40000元。装饰材料：混油护墙板，石膏板造型吊顶，强酷壁纸，太平洋石膏线，冠军地砖等。

04 许多精美物品随意组合，从整体上使人感到独特、富有个性，充满了古朴典雅的生活情调。

05 墙面的造型非常具有形式感和立体感，两边墙的镜面使用扩大了空间的视觉效果，丰富了空间的内容，壁纸上的图案纹理富有很强的装饰性和文化内涵。

06 电视背景墙采用石膏板造型，表面贴壁纸与咖啡色的墙漆相结合，使用条纹沙发丰富了整个空间，从视觉效果上更突出现代简约风格。

07 30m^2的客厅，造价20000元。装饰材料：多乐士墙漆，蒙娜丽莎地砖，轻钢龙骨石膏板等。

08 圆形装饰墙，弧形的顶面造型，淡绿色的墙面，简洁的家具，使整个空间形成了优美的色形对比。

01 本案设计以中式为主，混搭现代风格，极具现代气息的中式电视背景墙，给这独特的空间无尽的视觉享受。

02 客厅里摆一套明清式的红木家具，墙上挂一幅名家书画，顶面为经典的冰裂纹木制花格。这种表现使整个空间在传统中透着现代，现代中揉着古典。

03 35m² 的客厅，造价30000元。装饰材料：红木花格，布鲁斯特壁纸，陶一郎地砖，珊嘉木门等。

04 通过玻璃隔断丰富空间层次，与浅色基调的空间结构形成对比。

05 本案设计以小户型为主要特征,是追求小空间的多功能使用。学习、娱乐、吃饭三个空间只做一个屏风相隔,最大限度地赢得空间感。

06 米黄色的墙漆,电视背景墙上的墙贴,洁白的茶几和电视柜,碎花沙发和餐椅,使整个空间感到很舒适。

07 20m²的客厅,造价18000元,装饰材料:雕刻装饰画,欧神诺地砖,混油垭口等。

08 为了使空间具有开阔性和高度感,设计采用了大量的镜面和玻璃,在白色花格的呼应下,使空间更具自然清新的通透感,强烈的层次感。

01 设计的灵感源于生活中的感到，而生活中的感动又来源于细致的观察和感触。在这个案例中，设计抓住现代人的心理，用简约手法为空间打造出一个赏心悦目、可观可感的舒适空间。

02 不需要界定风格，也不需要原则的约束，舒心就是最大的约束和原则。

03 28m²的客厅，造价20000元。装饰材料：大自然实木复合地板，多乐士墙漆，TaTa木门，森德暖气，镂空花格，石膏板造型等。

04 客厅的米黄色墙面在灯光的映衬下，更显得房间的宽敞，同时也为该空间创造了一种舒适放松的氛围。

05 本案将古典语言以现代手法诠释，注入中式的风雅意境，使空间散发出淡然悠远的人文气韵，这就是新中式风格。

06 餐厅空间装饰采用了简洁、硬朗的直线条，配合具有西方工业设计色彩的板式家具来搭配中式风格使用，更迎合了中式家具追求内敛、质朴的风格，使得整个空间更加实用，更富现代感。

07 10m²的餐厅，造价12000元。装饰材料：马可波罗墙砖，柚木雕花，玻璃屏风，东鹏地砖，都芳墙漆，珊嘉木门等。

08 餐厅是展示家居风格的窗口，背景墙采用青砖铺贴，墙面与中国传统花格、家具、灯具自然衔接，让使用性和对古老禅韵的追求同时得到满足。

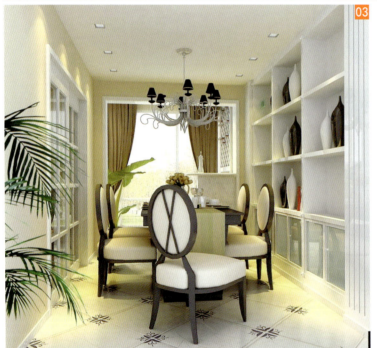

01 本案中，直线、弧线条大量用于墙面壁纸、餐桌面料等处，配合直线墙面装饰线条、简洁的门框和顶面石膏线的处理，给人留下了干净利落的现代欧式风格印象。

02 餐厅通过巧妙配色，以一系列和谐同色系的运用，避免了对比和冲突，让空间保持融为一体的整体感，营造出雅致、温柔、清新的气氛。

03 18m^2的餐厅，造价12000元。装饰材料：欧神诺地砖，欧依朗木门，都芳钻石漆，轻钢龙骨石膏板等。

04 22m^2的餐厅，造价12000元。装饰材料：冠军地砖，东鹏波打线，多乐士五合一墙漆，珊嘉木门，轻钢龙骨石膏板等。

05 现代简约风格的餐厅，造型简洁、精炼，整个空间是一幅点、线、面构成的作品，装饰画成为空间视觉的中心。

06 餐厅选用了现代简约的手法来塑造整个空间，整体使用米黄色墙漆，地板采用枫木颜色，以手绘墙进行点缀，丰富了整体的层次感。

07 12m^2的餐厅，造价12000元。装饰材料：新中源地砖，布鲁斯特壁纸，混油隔板，都芳净味墙漆，石膏板造型吊顶等。

08 餐厅中使用了黑色和白色的对比制造简约时尚的感觉，为了避免过于生硬、单调，用质感轻柔的窗帘、装饰画增加温馨和轻松的氛围。

01 本设计以中式元素为主，营造自然、粗犷、休闲的居室空间，餐厅用带有传统图案的木质花格，配上中式的餐桌和餐椅，增强空间的亲切感和自然感。

02 餐厅选用曲柳餐桌，自然粗犷，餐椅为民间传统的官帽椅，室内顶面用曲柳花格木线，增加空间的自然性。

03 18m² 的餐厅，造价18000元。装饰材料：冠珠墙砖，东鹏地砖，奥普吊顶，珊嘉木门，好佳益柜子等。

04 23m² 的餐厅，造价20000元。装饰材料：墙酷壁纸，黑胡桃木线，轻钢龙骨石膏板吊顶，马可波罗地砖，芬琳墙漆等。

05 本案所要表现的，实际上是欧式风格的一种表达，通过完美的曲线，精益求精的细节处理，带给家人无尽的舒服感，其所追求的和谐就是欧式风格的最高境界。

06 餐厅设计采用了简练的手法，顶面处理采用石膏灯盘，墙面采用车边镜，通过色彩及饰物的搭配，给空间融入时尚感，制造一种浪漫而细致的格调。

07 20m²的餐厅，造价20000元。装饰材料：轻钢龙骨石膏板造型吊顶，柔然壁纸，冠军地砖，生态木门，多乐士墙漆等。

08 餐厅利用光影的变化，造就空间的不凡，墙面以大方、高雅的米黄色为主色调，增加空间的质感，清爽干净中又有浪漫柔和的氛围。

01 本案融合点、线、面的建筑元素和现代的简约设计，将空间、色彩、线条完美搭配起来，充满几何美感。

02 餐厅可让人感触到与众不同的现代风格，家具、织物和艺术品都经过精挑细选，人在其中要做的仅仅是放松心情。简洁明晰的线条，彰显品位独到的高雅生活。

03 $12m^2$的餐厅，造价12000元。装饰材料：诺贝尔地砖，轻钢龙骨石膏板，都芳钻石墙漆等。

04 餐厅采用色彩鲜艳的装饰画、玻璃、壁纸、木材等体现简单特性的材质，搭配浅色地砖，营造出舒适、优雅的韵味。

05 古典家具的摆设点缀出空间的华丽,高雅的水晶吊灯,点缀着豪华的餐厅区空间,在色系与线条的质感上力求沉稳简洁、典雅内敛。

06 餐厅选用的不同材质及工艺把同一种寓意结合空间特性有节奏地表达,中式韵味的花格,让空间具有中国传统文化的底蕴。

07 18m² 的餐厅,造价18000元。装饰材料:诺贝尔地砖,红木花格,多乐士墙漆,轻钢龙骨石膏板等。

08 餐厅采用方与圆的结合,局部位置运用精致的空雕图案元素,木质雕花与简洁的整体空间形成对比,描绘出现代的中国情。

01 墙面设计是这个案例的亮点,每面墙都功能性十足,餐厅背景墙收纳了展示空间,也显得内蕴十足。

02 餐厅设计采用米色为主色调,以原木色和棕色为辅,原木餐桌和餐椅,形成了餐厅空间的全部,背景墙采用镜面玻璃扩大空间,同时也让空间更具造型感。

03 12m² 的餐厅,造价11000元。装饰材料:马可波罗地砖,都芳墙漆,瑞宝壁纸,石膏板造型吊顶等。

04 背景墙上装饰的拱形框架和另一侧墙面装饰,解决了日常家居的收纳问题,同时具备展示功能。

05 个性的空间，带给我们的不仅仅是功能上的满足，更多的是视觉、嗅觉以及触觉上的满足，对于在快节奏的都市生活中忙碌的人而言，现代简约是年轻人追求的一种风格。

06 餐厅设计选用的是墙贴，浅咖啡色的餐桌和餐椅，大理石纹理的地砖，精致优雅的装饰物等，成功地营造出一个舒适且高雅的空间。

07 15m² 的餐厅，造价15000元。装饰材料：轻钢龙骨石膏板造型，立邦墙漆，冠军地砖，太平洋石膏线等。

08 餐厅的主体色调采用的是冷色系，冷色配以昏黄的灯光，温馨、柔情的氛围就自然而然地形成了。

01 餐厅以中式家具和格扇门的大量使用,创造出一种含蓄而高雅的中国传统的意境。

02 简洁大气的餐厅,木质家具似乎隐隐散发出大自然的味道,鹅卵石的背景墙,造型粗犷的假梁,做工精细的餐椅,点缀其中的盆景……端庄而稳健,成熟而高雅。

03 10m²的餐厅,造价8000元。装饰材料:东鹏加工墙砖,金意陶仿古地砖,黑胡桃木制吊顶等。

04 18m²的餐厅,造价18000元。装饰材料:诺贝尔地砖,红木假梁,多乐士墙漆,轻钢龙骨石膏板,马赛克等。

05 古典奢华的欧式风情弥漫于餐厅空间中,感受到的是来自富贵府邸中的尊贵与豪气,深沉的色调、黄色的搭配使空间传达出柔和明朗的视觉感受。

06 餐厅利用现代的手法和材质还原出古典气质,使之具备了古典与现代的双重审美效果,完美的结合让人们在享受物质文明的同时得到精神上的慰藉。

07 12m^{2}的餐厅,造价11000元。装饰材料:马可波罗地砖、都芳墙漆、瑞宝壁纸、太平洋石膏线、石膏板造型吊顶等。

08 餐厅采用米色壁纸,石膏板造型背景墙装饰,浓烈的色彩,精美的造型达到欧式风格的主要特点。

01 本案在尊重原建筑结构的前提下，经过重新布局，最大限度地提高原结构空间的利用率。设计上更加注重其功能性和实用性，造型简约，色调明快，注重空间整体感。

02 餐厅巧妙地把点、线、面相互穿插，采用精巧的细节设计和对称的线条来提升空间的深度，将层次感、节奏感完美体现，直接光照和间接光照相结合，充分表现出一种高雅、温馨的空间感觉。

03 10m² 的餐厅，造价8000元。装饰材料：东鹏地砖，石膏板造型背景墙，玉兰壁纸，欧依朗木门，多乐士墙漆等。

04 在简练而大气的餐厅中，色彩和谐而别致，能感受到空气中流淌的阳光，也能感受到来自心灵深处的安逸，更有对生活的激情与未来的憧憬。

05 10m²的餐厅，造价8000元。装饰材料：柚木花格，冠军地砖，石膏板造型吊顶，柔然壁纸，多乐士墙漆等。

06 25m²的餐厅，造价25000元。装饰材料：马可波罗地砖，石膏板造型吊顶，芬琳墙漆，TaTa木门等。

07 10m²的餐厅，造价8000元。装饰材料：圣象实木复合木地板，太平洋石膏线，多乐士墙漆等。

08 18m²的餐厅，造价12000元。装饰材料：马可波罗地砖，TaTa木门，轻钢龙骨石膏板，艺术玻璃，立邦墙漆等。

01 20m²的餐厅，造价18000元。装饰材料：冠军地砖，车边玻璃，太平洋石膏线，混油装饰墙，马赛克，多乐士墙漆等。

02 10m²的餐厅，造价8000元。装饰材料：冠军地砖，车边玻璃，太平洋石膏线，多乐士墙漆等。

03 25m²的餐厅，造价20000元。装饰材料：冠军地砖，马可波罗波打线，欧依朗木门，轻钢龙骨石膏板，太平洋石膏线，镜面玻璃等。

04 25m²的餐厅，造价25000元。装饰材料：人造大理石，马可波罗地砖，柔然壁纸，太平洋石膏线，轻钢龙骨石膏板等。

05 10m² 的餐厅，造价8000元。装饰材料：圣象实木复合木地板，玉兰壁纸，太平洋石膏线，多乐士墙漆等。

06 8m² 的餐厅，造价8000元。装饰材料：依诺地砖，柔然壁纸，轻钢龙骨石膏板装饰墙，立邦墙漆等。

07 12m² 的餐厅，造价10000元。装饰材料：东鹏地砖，芬琳墙漆，混油装饰屏风，轻钢龙骨石膏板吊顶等。

08 20m² 的餐厅，造价20000元。装饰材料：森德暖气，安信强化复合木地板，轻钢龙骨石膏板吊顶，多乐士墙漆等。

01 12m² 的餐厅，造价12000元。装饰材料：马可波罗地砖，TaTa木门，轻钢龙骨石膏板，艺术玻璃，立邦墙漆等。

02 8m² 的餐厅，造价8000元。装饰材料：欧人强化复合木地板，曲柳花格，轻钢龙骨石膏板吊顶，都芳钻石墙漆。

03 15m² 的餐厅，造价12000元。装饰材料：金意陶地砖，柚木花格，珊嘉木门，人造大理石，轻钢龙骨吊顶，多乐士墙漆等。

04 6m² 的餐厅，造价6000元。装饰材料：大自然强化实木复合地板，石膏板造型背景墙，都芳墙漆等。

05 10m²的餐厅，造价10000元。装饰材料：马可波罗地砖，玉兰壁纸，太平洋石膏线，都芳墙漆等。

06 15m²的餐厅，造价15000元。装饰材料：车边玻璃，冠军地砖，石膏板造型吊顶，曲柳装饰墙，都芳墙漆等。

07 25m²的餐厅，造价25000元。装饰材料：人造大理石，马可波罗地砖，柔然壁纸，太平洋石膏线，轻钢龙骨石膏板等。

08 20m²的餐厅，造价20000元。装饰材料：冠军地砖，马可波罗波打线，欧依朗木门，轻钢龙骨石膏板，太平洋石膏线等。

01 10m² 的餐厅，造价10000元。装饰材料：冠军地砖，马赛克，墙贴，轻钢龙骨石膏板，都芳墙漆等。

02 15m² 的餐厅，造价15000元。装饰材料：蒙娜丽莎地砖，欧依朗木门，轻钢龙骨石膏板，立邦墙漆等。

03 8m² 的餐厅，造价8000元。装饰材料：瑞宝壁纸，东鹏地砖，轻钢龙骨吊顶，多乐士墙漆等。

04 20m² 的餐厅，造价15000元。装饰材料：玉兰壁纸，珊嘉木门，诺贝尔地砖，轻钢龙骨石膏板，多乐士墙漆等。

05 20m² 的餐厅，造价20000元。装饰材料，冠军地砖，马可波罗波打线，欧依朗木门，轻钢龙骨石膏板，太平洋石膏线等。

06 25m² 的餐厅，造价25000元。装饰材料：马可波罗地面拼花，太平洋石膏线，石膏板拉槽造型吊顶，芬琳墙漆等。

07 12m² 的餐厅，造价12000元。装饰材料：冠军地砖，东鹏波打线，钢化玻璃，轻钢龙骨石膏板，多乐士墙漆等。

08 25m² 的餐厅，造价25000元。装饰材料：马可波罗地面拼花，太平洋石膏线，石膏板拉槽造型吊顶，芬琳墙漆等。

01 15m²的餐厅，造价18000元。装饰材料：东鹏地砖，混油花格屏风，黑镜，多乐士超低voc墙漆等。

03 22m²的餐厅，造价20000元。装饰材料：卢森实木复合地板，车边玻璃，太平洋石膏线，轻钢龙骨石膏板吊顶，芬琳墙漆等。

04 25m²的餐厅，造价25000元。装饰材料：马可波罗地砖，太平洋石膏线，轻钢龙骨石膏板吊顶，都芳钻石墙漆等。

签订装修合同需要注意什么

装修前没有签订装修合同，后期引起纠纷就很难解决，一定要予以重视：

1. 工期约定：一般2居室100m²的房间，简单装修工期在35天左右。装饰公司为了保险，一般会把工期约定到45~50天，如果着急住，可以在签订时和设计商量此条款。
2. 付款方式：一般的装修合同，约定首付50%，木工验收合格后交纳40%，完工后交纳5%。按照这样的付款形式，在工期过了一半左右，您就已经向装饰公司交了95%左右的费用，如果装修的后期出了问题就很难在钱上面制约装饰公司了。所以建议在签订合同时候，能把首付压到30%，中期交纳30%。中期付款在一般合同上只是简单地标明"工程过半，木工收口"，但是一个工地往往是多项交叉作业，正规的工期过半应该是：木器制作结束，厨卫墙、地砖、吊顶结束，墙面找平结束，电路改造结束。
3. 增减项目：装修过程中，很容易有增减项目，比如多做个柜子、多改几米水电路等，这些都要在完工时交纳费用的。那么这些项目的单价究竟应该是多少呢？如果等到已经开工后，那这可能就是设计师说了算。所以最好能复印一份装修公司的最初给您看的完整报价单，以免在签订合同或是增减项目时，装修公司偷梁换柱、改换价格。还要注意一点，最后结算费用的时候，应该支付的增减费用，都应该是在该项目施工前，有签字认可的。如果是没有签字认可的，一概可以不支付相应的费用。
4. 保修条款：装修的整个过程现在主要还是以手工现场制作为主，没有实现全面工厂化，所以难免会有各种各样的细碎质量问题。保修时间内，装饰公司应该实施的责任就尤为重要了。比如出了问题，装修公司是包工包料全权负责保修，还是只包工不负责材料保修，或是有其他制约条款，这些都一定要在合同中写清楚。
5. 水电的费用：装修的过程中，现场施工都会用到水、电、煤气等。一般到工程结束，水电费加起来是笔不小的数字，这笔费用应该谁来支付，在合同中应该标明。
6. 按图施工，严格按照签字认可的图纸施工，如果在细节尺寸上和设计图纸上的不符合，可以要求返工。
7. 监理和质检到现场时间和次数：一般的装修公司都将工程分给各个施工队来完成，质检人员和监理是装饰公司对施工最重要的监督手段，他们到场巡视的时间间隔，对工程的质量尤为重要。监理和质检，每隔2天应该到现场一次。设计师也应该3~5天到现场一次，看看现场施工结果和自己的设计是否相符。

施工工艺

一、木制品

1. 门：做门从加工厂定做，主要选用干燥的樟木松、密度板和选定的饰面板，用环保型白乳胶粘合，通过热压机加压20分钟，使其表面受力均匀、平整、不易变形，然后门四周按尺寸刨直，用实木线条收门边。
2. 门窗套：内口用福云大芯板衬底，外贴选定的饰面板，门套外口用9厘密度板衬底，外饰选定实木线，实木收口收边，门套要求方正，对角处要平整、严密、对线，挂合页处要加固处理，门要安装在朝开启口处，门锁不能撞门套线（厨、卫门套线底衬要刷防水涂料）。
3. 橱柜：福云大芯板做柜体（也可用双聚氢氨板做柜体），背板贴5厘单面光密度板，实木线收边，3遍硝基漆（无苯佳莹牌）衬底砂光，门面板用大芯板做衬，表面贴选定的饰面板，同材质的实木线收边。

二、吊顶

1. 石膏板吊顶：轻钢龙骨框架，有异形造型的加大芯板配合使用，龙牌石膏板封面，要求表面平整，接缝处留0.5mm缝用石膏粉镶补、贴绷带，用自攻螺钉固定石膏板，上面点防锈漆（吊杆用膨胀螺栓固定）。
2. 铝扣板吊顶：专用轻钢龙骨做吊架，用0.7mm厚的铝扣板封面，专用铝合金封边条收边，要求表面平整，缝隙不能过大，造型和颜色要符合设计要求。
3. 木制吊顶：用干燥的松木方和大芯板做衬架，选定的饰面板封面，实木线收口（或饰面板45度碰角），衬架要刷防火涂料，衬架固定要加膨胀螺栓。

三、隔断

1. 石膏板隔断：轻钢龙骨做柜架，龙牌石膏板封面（或水泥板），框架竖向龙骨间隙40mm，要求符合施工规范、牢固、表面平整，缝隙补石膏腻子贴绷带（水泥板墙铺砖之前要刷水泥胶浆—上钢丝网—抹灰）。
2. 造型木制隔断：用大芯板或干燥的松木方做柜架，选定的饰面板衬面，实木线条收边收口，造型要符合设计要求。

四、包管道

1. 房间的管道：轻钢龙骨、石膏板，接缝处补石膏腻子、贴绷带。
2. 厨卫管道：轻钢龙骨、水泥板封面，用自攻螺钉固定水泥板。铺砖前先刷水泥胶浆—上钢丝网（铺到两边的墙上）—抹灰，棱角要求方正，框架牢固（节门处留检修门）。

五、木制品油漆

1. 清油：饰面板上工地后要清理干净，刷两遍硝基漆后平铺码放封存，木工活完后油工对面板进行修饰处理、打磨—刷2遍硝基漆—补钉眼、修色—刷漆3遍（浅色活可刷透明腻子）—刷2遍聚酯面漆，要求漆面光滑、平整、无明显色差（如底漆用聚酯漆，可只刷3遍底漆）。
2. 混油：表面进行处理、打磨—批补原子灰、打磨—满批石膏+滑石粉油腻子2遍（或批胶腻子2遍）—打磨平整—喷聚酯底漆2遍、打磨—喷2遍聚酯面漆，要求漆面光滑、平整、光感柔和。

六、墙面粉刷

处理干净原墙面，如原墙面为防水腻子则不需铲除，涂1遍985胶，有少量裂缝处贴绷带，打2~3遍腻子找平（如坡度大需找补石膏腻子），打磨平整后清理干净灰尘，刷1遍底漆、2遍面漆。质量要求：腻子应与基层结合坚实，牢固；漆面应平整光滑，颜色一致。完工后，门窗、灯具、家具及地板要清理干净。如白灰墙、砂灰墙和保温墙，需要满铺豆包布或的确良布1~2层的，价钱另算，造价8~12元/m²。

七、铺砖

1. 墙砖：首先要处理原墙。①灰膏墙要打掉，重新抹水泥砂浆。②光面水泥墙要打毛刷胶浆。③老砖墙瓷砖拆除后，也看情况抹灰或打毛。④水泥板墙要拉毛、上钢丝网、抹灰。
2. 铺砖工艺流程：施工准备—找平层—选材—放水平线—预排砖—贴墙地砖—清缝勾缝。质量要求：粘贴牢固，表面平整，线条顺直。
3. 地砖：50cm见方以内的砖可湿铺，50cm见方以上的砖要干铺，铺砖前地面要清理干净、湿地，选砖根据房间的尺寸、设计的要求放线铺砖，后清缝勾缝。质量要求：粘贴牢固，表面平整，线条顺直，空鼓率小于5%（后面如还有工程要干的，必须对砖封保护膜）。

八、做防水

首先对墙面、地面做基层处理，要平整、干燥，防水一般要做到墙上25cm处，用丙烯酸防水涂料刷2遍，干后做闭水实验24小时，确认无渗漏后才可以做水泥保护层（或直接铺砖）。

九、电气工程

电气布线应采用PVC暗管敷设,导线为截面在2.5mm²的铜芯线,导线在管内无结头、扭结,吊顶内不允许有明线;开关、插座安装牢固,盖板端正,表面清洁,紧贴墙壁,高度一致,走线路径要符合设计要求,电气产品、材料要符合现行技术标准,有国家电工产品安全证书。施工完成后要进行试验(电源、电视、电话、网络),并要出电路竣工图。

十、洁具管道安装

管道安装应横平竖直,铺设牢固,坡度符合要求,阀门、龙头安装平正,使用灵活方便,镀锌管刷防锈涂料,洁具安装位置要正确,上沿要水平,端正牢固,外表光洁无损伤(防水地面不能刨开埋管;铝塑管的接头不能封入墙内;封入墙内的水管要经试压后才可封堵)。

注:高档装修工程除外,另作说明。

家居装饰验收窍门

面对家居装饰完成后的验收工作,通常有五个方面,即:水、电、瓦、木、油五个工序的验收。并以国家验收规范和施工合同约定的质量验收标准为依据,对工序各个方面进行验收,对非专业的消费者来说,验收时应注意以下几点:

1.水的验收

包括水池、面盆、洁具、上下水管、暖气等的验收工作。验收时应注意水池、面盆、洁具的安装是否平整、牢固、顺直;上下水管线是否顺直,紧固件是否已安装,接头是否有漏水和渗水现象。在安装完成后必须调试水管水压,切忌不要选用劣质水阀;冷热水和暖气应该试用一段时间,以保证无安全隐患。要检查厨房和卫生间的上下水管,看排水管道是否顺畅,可以把洗菜池、面盆、浴缸放满水,然后排出去,检查一下排水速度。对坐便器的下水检查则需要反复多次进行排水试验,看看排水效果。

2.电的验收

包括电源线(插座、开关、灯具)与弱电(包括电视线路、电话和网络等)的验收工作。验收时必须注意电源线是否使用国家标准铜线,一般照明和插座使用2.5mm²线,厨房卫生间使用4mm²线;如果电源线是多股线,还要进行焊锡处理后方可接到电源面板上;电视和电话信号线要和电源线保持一定的距离(一般不小于25cm);灯具的安装要使用金属吊点,完工后要逐个试验,检查配电线路时,可以打开所有的灯具开关,看灯具是否都亮。如果条件允许还应该用万用表检查插座是否有电,用电话机检查电话线路是否有信号。

3.瓦工工程的验收

包括瓷砖(干贴、湿贴),石材(干贴、湿贴)等的验收工作。验收时要注意施工前是否进行了预排、预选工序,把规格不一的材料分为几类,分别放在不同的房间或平面,以使砖缝对齐,把个别有瑕疵的材料作为切割材料使用,这样就能做到既节约用材又不影响效果。瓦工工程验收时要注意检查墙砖和地砖的空鼓问题。检查卫生间、厨房,以及其他部位瓷砖空鼓问题的方法是:用一个橡皮槌随意的敲敲各个部位的瓷砖、地砖,根据声音来判断是否有空鼓情况,如果空鼓率超过3%,就说明工程存在质量问题。

4.木工工程的验收

包括门窗、吊顶、壁柜、墙裙、暖气罩、地板等的验收。验收时要注意看木材,已烘干的木材日后才不会变形;木方要净面涂刷防火、防腐材料后可使用,细木工板要选用质量高、环保的材料。大面积吊顶、墙裙每平方米不能少于8个固定点,吊顶要使用金属吊点,门窗的制作要使用质量较好的材料,以防变形。地板找平的木方要大些(一般不应小于6cm×6cm)。检查木制品时,由于工艺比较复杂,最为简单的方法是检验木制品是否变形、接缝处开裂现象是否严重、五金件安装是否端正牢固等,这些基本上可以靠眼睛去观察。

5.油漆工工程的验收

包括油漆（清油、混油），涂料，裱糊，软包等验收工作。验收时要注意，装饰装修的表面处理非常关键，涂刷或喷漆之前一定要做好表面处理工作。在木器表面应先刮平腻子，经打磨平整后再喷涂油漆；墙面的墙漆在涂刷前，一定要使用底层腻子，以防墙面不平和变色。

致谢

在本套丛书的编辑过程中，我们得到了全国各地室内设计行业中资深设计师的鼎力支持，对于张合、王浩、翟倩、刘月、王海生、张冰、张志强、孙丹、张军毅、梁德明、冯柯、郭艳、云志敏、刘洋等人给予的帮助，借此机会谨向他们表示诚挚的谢意！